AF461170

EXPÉRIENCES
COMPARATIVES
SUR L'EMPLOI DES FEUILLES DU MURIER GREFFÉ ET DE CELLES DU MURIER SAUVAGE,

POUR LA NOURRITURE

DES VERS A SOIE.

EXPÉRIENCES
COMPARATIVES

SUR L'EMPLOI DES FEUILLES DU MURIER GREFFÉ
ET DE CELLES DU MURIER SAUVAGE,

POUR LA NOURRITURE

DES VERS A SOIE,

COMMUNIQUÉES A LA SOCIÉTÉ ROYALE D'AGRICULTURE,
HISTOIRE NATURELLE ET ARTS UTILES DE LYON.

Par M. Matthieu Bonafous.

MÉMOIRE IMPRIMÉ PAR ORDRE DE LA SOCIÉTÉ.

LYON,
IMPRIMERIE DE J. M. BARRET, PLACE DES TERREAUX.

1829.

EXPÉRIENCES

COMPARATIVES

SUR L'EMPLOI DES FEUILLES DU MURIER GREFFÉ ET DE CELLES DU MURIER SAUVAGE,

POUR LA NOURRITURE

DES VERS A SOIE.

J'aborde les questions qui peuvent être décidées par l'expérience, et j'abandonne celles qui ne peuvent donner lieu qu'à des conjectures.

TH. DE SAUSSURE. Recherches chimiques sur la végétation.

PARMI les questions que la Société royale d'agriculture et d'histoire naturelle de Lyon a proposées, il en est une sur laquelle mon attention s'est fixée d'une manière particulière, savoir : *s'il est plus avantageux de nourrir le ver à soie avec la feuille du mûrier greffé, ou avec celle du mûrier sauvageon.*

Déjà M. Duvaure, dans un mémoire couronné par l'Académie de Valence [1], a paru persuadé qu'il y avait plus d'avantage à cultiver le mûrier

1 Mémoire sur les avantages ou les inconvéniens de la culture du mûrier blanc, greffé, 2.e édition, in-8.o, Valence, 1817.

greffé que le sauvageon, soit qu'il considérât la végétation de l'arbre, la santé des vers dans leurs différens âges, et la quantité, la force et la finesse de la soie. D'un autre côté, plusieurs agriculteurs, dont le témoignage est aussi respectable, pensent que la feuille sauvage est plus appropriée à la constitution des chenilles, et produit une qualité de soie supérieure.

Cette diversité d'opinions fit désirer au comte Dandolo de soumettre le même problème à un examen comparatif; mais la rareté des mûriers non greffés, dans la contrée qu'il habitait, empêcha à l'agronome de *Varèse* de décider une question qui lui paraissait d'une haute importance.

Me trouvant, au contraire, dans une situation favorable à ce genre de recherche par la proximité d'un grand nombre de mûriers sauvages et de mûriers greffés qui avoisinent ma ferme *de St-Augustin d'Alpignano*, je me suis imposé la tâche de répondre, à l'aide de quelques expériences, au vœu d'une Société qui encouragea mes premiers travaux; et cette tâche sera bien douce pour moi, si je puis fixer les opinions contradictoires qui règnent parmi les cultivateurs. Je n'avancerai, pour cela, aucune proposition, sans rapprocher auparavant les faits, les circonstances et les résultats que je crois propres à éclairer la question.

Après un hiver aussi rigoureux que celui de

l'année dernière, la végétation fut si tardive, que je ne commençai mes opérations que le 1.er mai, afin de faire coïncider la naissance des vers avec le développement des feuilles.

Je consacrai à mon expérience quatre onces de graine de la race chinoise, à cocons blancs, pesée très-exactement, et séparée en deux parties égales. Ces graines furent placées sous l'influence d'une température uniforme, que je portai d'abord à 14° (therm. de Réaumur), et que j'élevai jusqu'au 21e, par gradations successives.

Le 9 mai, l'éclosion de l'une et l'autre partie fut complète. Les coques qui renfermaient les larves et les graines non écloses, pesées séparément dans chaque partie, ne présentant aucune différence appréciable, je conclus que la quantité des vers nés devait être égale dans les deux parties.

Ils furent, dès lors, transportés dans l'atelier, et alimentés constamment, les uns avec des feuilles de mûrier greffé, et les autres avec des feuilles de mûrier sauvage, comme on le verra par l'extrait suivant du journal que j'ai tenu pour constater la durée de chaque âge, la température de l'atmosphère et celle de l'atelier, le poids de la feuille donnée aux vers, et celui de la litière formée des débris de leur nourriture et de leurs matières excrémentitielles.

Premier âge. Cette période dura quatre jours :

le temps fut à la pluie, et la température extérieure varia de 8 à 16°; celle de l'atelier fut maintenue à 19°.

Les vers à soie, nourris avec la feuille du mûrier greffé, en consommèrent quinze livres et huit onces; ceux alimentés avec la feuille du mûrier sauvage, n'en consommèrent que treize livres et huit onces : différence, deux livres.

Deuxième âge. La durée de celui-ci fut de cinq jours; le ciel ne cessa d'être nébuleux, et il plut pendant deux jours. La température extérieure varia de 11 à 17°; celle de l'atelier fut maintenue à 18°.

La consommation de la feuille greffée fut de cinquante-huit livres et huit onces; celle de la feuille sauvage, de cinquante-sept livres : différence, une livre huit onces.

Troisième âge. Sa durée fut de six jours. Les vers, à leur délitement, n'offraient aucune différence; ils étaient également beaux. Le ciel ne fut serein que deux jours, et la température atmosphérique varia de 11 à 20°; celle de l'atelier fut tenue régulièrement à 17°. On dut faire de fréquens feux de flamme, pour renouveler l'air et dissiper l'humidité.

La consommation de la feuille greffée fut de deux cent vingt-cinq livres; celle de la feuille sauvage, de cent soixante-dix-neuf livres : différence, quarante-six livres.

Quatrième âge. Les vers accomplirent leur quatrième mue le sixième jour ; il n'y eut que deux belles journées, durant lesquelles le thermomètre s'éleva brusquement de 8 à 23°, et, malgré toutes les précautions, on ne put conserver la température intérieure à 17° ; elle s'éleva dans la partie supérieure de l'atelier à 19°.

Les vers, doués d'une santé vigoureuse, ont résisté aux contrariétés de la saison, et ont consommé quatre cent trente-deux livres de feuilles greffées, et quatre cent quinze livres de feuilles sauvages.

Ici la différence ne fut que de dix-sept livres.

Cinquième âge. Cette période comprend le temps qui s'écoula depuis la quatrième et dernière mue des vers, jusqu'à leur plus grand accroissement. Il leur fallut onze à douze jours pour arriver à ce terme. Six journées seules furent exemptes de pluie et d'orage ; la température atmosphérique varia de 10 à 24° ; on retint celle de l'atelier à 16° environ, et à 18° dans les heures où le soleil empêchait de la modérer.

Au troisième jour de cet âge, on trouva des vers atteints de la jaunisse, occasionée vraisemblablement par l'humidité de la litière et l'action débilitante de la pluie et des vents chauds ; on s'empressa de les enlever, et, sans attendre l'époque accoutumée pour faire le délitement des vers, je fis procéder à cette opération le même jour ; dès lors les progrès de cette maladie, qui menaçait d'envahir tout l'atelier, furent promptement arrêtés. Plusieurs cultivateurs voisins, qui avaient déjà perdu la moitié de leurs vers à soie, suivirent aussitôt mon exemple, et parvinrent, avec le même succès, à conserver ceux qui leur restaient encore.

Je fus curieux, dans cette circonstance, de comparer la quantité des vers morts ou malades, dans les deux parties. Le nombre de ceux que j'avais nourris avec des feuilles de mûrier greffé, s'éleva à 240, tandis que celui des vers alimentés avec des feuilles sauvages, ne fut que de 175.

Dans cet âge, les vers nourris avec des feuilles greffées, ont consommé depuis leur quatrième mue jusqu'à l'époque de leur maturité, deux mille quatre cent soixante-sept livres, et les vers alimentés avec des feuilles sauvages, en ont consommé deux mille quatre-vingts livres: différence, 387 livres.

Récapitulant la quantité de feuilles employée dans chaque âge, il résulte que les vers à soie provenus de deux onces de graine, et nourris avec de la feuille de mûrier greffé, ont consommé jusqu'au terme de leur éducation, du 1.er mai au 12 juin, 3198 livres, et que la même quantité de vers, nourris avec des feuilles de mûrier sauvage, ont fait, dans le même espace de temps, une consommation de 2744 livres et 8 onces.

Différence en moins de la feuille sauvage à la feuille greffée, de 453 livres 8 onces.

Le poids total de la litière des premiers, s'élevait à 1835 livres ; celui des seconds, à 1325 livres.

Pendant les sept jours qui s'écoulèrent depuis l'époque où les vers étaient parvenus au terme de leur accroissement, le minimum de la température atmosphérique fut de 14°, et le maximum de 20°. On maintint aisément la température de l'atelier à 16 et 17° ; mais la pluie et le vent d'ouest qui se succédèrent sans interruption, ralentirent le travail des chenilles. On dut faire, à plusieurs reprises, des feux légers et des fumigations acides, dans le but de diminuer l'humidité, et de procurer aux vers assez de vigueur pour évacuer les derniers excrémens et verser toute leur matière soyeuse.

Le huitième jour, ce fut le 12 du mois de juin, tous les vers eurent achevé leur travail ; l'on détacha immédiatement les cocons, en séparant ceux des vers nourris avec des feuilles de mûrier greffé, de ceux des vers alimentés avec des feuilles sauvages. Les cocons étaient tous d'une moyenne grosseur, d'un grain également fin et d'un blanc supérieur à celui de la soie du pays de *Novi*. Leur fermeté se ressentait légèrement de l'influence de l'humidité qui régna pendant toute la durée de l'éducation. Le poids des premiers ne différa point de celui des seconds : 129 cocons pris indistinctement dans chaque partie, formaient la la livre, et les ayant tous dépouillés de leurs chrysalides, le poids des cocons des vers nourris avec de la feuille greffée, et celui des cocons des vers alimentés avec de la feuille sauvage, présentèrent une différence assez faible pour être négligée.

Le poids total de la récolte s'éleva à cinq quintaux quarante-sept livres, dont 271 livres de la première partie, et 276 de la seconde. La différence résultante ne fut donc que de cinq livres, ou deux livres huit onces par once de graine.

D'après ces calculs précis, en évaluant à 40,000, le nombre des œufs dont une once de graine se compose ordinairement, la perte des vers morts, en y comprenant les vers non éclos, s'élèverait, sur la première partie, à 5141
et sur la deuxième, à 4396

Différence 745

Je pris ensuite dix livres de cocons de chaque partie, l'une, nourrie avec de la feuille greffée, et l'autre, avec de la feuille sauvage ; la soie en fut tirée sous mes yeux, séparément et par la même ouvrière. Les 10 livres de la première partie rendirent 11 onces 1/2, et les 10 livres de la seconde, 10 onces 7/8. Le produit de la partie alimentée avec des feuilles greffées, ne fut, par conséquent, que de 5/8 d'once de soie de plus, sur 10 livres de cocons ; la soie provenue des deux parties, parut parfaitement égale en force et en éclat. La première, ouvrée en organsin, donna le titre de 25 deniers, et l'autre partie, 23 deniers 3/8.

Tels sont les résultats qui démontrent :

1.° Que la feuille du mûrier sauvage offre une économie d'à peu près 15 livres par quintal, sur celle du mûrier greffé ;

2.° Que les débris de la feuille du mûrier sauvage, et ses fruits, d'un volume inférieur à ceux du mûrier greffé, forment une litière moins épaisse ;

3.° On doit remarquer qu'il s'est trouvé moins de malades parmi les vers alimentés avec des feuilles sauvages, parce qu'il est vraisemblable que la feuille greffée, plus aqueuse, fournit aux vers, à poids égal, une nourriture moins substantielle que la feuille sauvage : ce dont je me suis assuré par l'observation que j'ai faite que 100 onces de feuilles greffées n'ont pesé que 31 onces après leur parfaite dessiccation, tandis que la même quantité de feuilles sauvages a été réduite, par ce moyen, à 37 onces ;

4.° Le produit en cocons, des vers nourris de feuilles sauvages, a été de deux livres et demie par once de graine de plus que celui des autres vers ;

5.° La soie produite par les vers alimentés avec la feuille sauvage, a présenté un degré de finesse supérieur à celle des vers nourris de feuilles de mûrier greffé.

Ce simple exposé, appuyé sur l'expérience, devrait paraître suffisant pour déterminer la préférence des cultivateurs à l'égard des mûriers sauvages. Il leur importe néanmoins de suspendre leur jugement, et de peser les observations ci-après avant de se prononcer.

1.° Je dirai d'abord que les vers ne témoignent aucune préférence en faveur de l'une de ces feuilles; les ayant mélangées ensemble, ils les ont mangées avec la même avidité.

2.° J'ajouterai à cette observation, qu'ayant servi une livre de feuilles greffées à cent vers à soie du même âge, et une autre livre de feuilles sauvages, à un pareil nombre de vers, pris sur la même claie que les premiers, les uns et les autres ont consommé leurs feuilles dans le même espace de temps.

3.° La feuille des mûriers greffés, plus glabre et beaucoup plus lisse que celle des mûriers sauvages, résiste mieux à la pluie; la rosée se fixe moins sur sa surface, et elle conserve plus long-temps sa fraîcheur : propriété qui lui donne l'avantage de pouvoir être cueillie d'avance, lorsque le temps est disposé à la pluie.

4.° La cueillette de la feuille est plus facile sur le mûrier greffé que sur le mûrier sauvageon, lequel est ordinairement plus rameux et se prête moins aux opérations de la taille. Tout le monde a pu observer, comme moi, que deux ouvriers récoltent autant de feuilles, dans le même espace de temps, sur des mûriers greffés, que trois ouvriers sur des sauvageons; d'où il suit que la récolte des unes coûte réellement un tiers de moins que celle des autres.

5.° A volume égal, le mûrier greffé pousse des feuilles ordinairement plus larges et moins découpées que le mûrier sauvageon; il présente ainsi plus de surface et donne proportionnellement un poids de feuilles supérieur. Aussi est-il vrai qu'un nombre égal de mûriers greffés et de mûriers sauvages, plantés dans le même sol, et cultivés avec les mêmes soins, donnent un produit différent, que l'on peut évaluer à un tiers à l'avantage des premiers.

6.° Les vers nourris avec des feuilles greffées, ont produit, sur dix livres de cocons, 5/8 d'once de soie de plus que les vers alimentés avec des feuilles sauvages. Cette différence de 6 onces 1/4 de soie, par quintal de cocons, offre une compensation à l'excédant de feuilles greffées, que j'ai dû employer pour une quantité relative de vers à soie.

7.° Il importe aussi de dire, que malgré que les botanistes placent le mûrier dans la classe des plantes monoïques, renfermant celles dont les fleurs mâles et femelles existent séparément sur le même individu, il n'est pas rare de rencontrer les deux sexes séparés sur des pieds différens, ce qui rattacherait aussi le mûrier à la classe des plantes dioïques. Une telle anomalie présente plusieurs avantages que les cultivateurs ne peuvent se procurer que par le moyen de la greffe ; c'est-à-dire, en greffant toujours le mûrier mâle, ou sans fruits, sur le mûrier femelle. Dans ce cas, la sève est toute destinée à la nutrition des feuilles ; on est exempt du déchet que les fruits occasionent lorsqu'on épluche la feuille, et cet épluchement est plus facile. Enfin, dans les derniers âges du ver à soie, lorsqu'on leur distribue la feuille sans la monder, les claies ne sont point chargées d'une multitude de baies qui ne font qu'augmenter la fermentation de la litière.

8.° J'ajouterai que dans les pays qui se rapprochent de la limite où le mûrier cesse de prospérer, la greffe promet un avantage que l'on doit mettre à profit, celui de pouvoir multiplier les variétés dont le développement tardif fait échapper l'arbre aux gelées du printemps ; tandis que, dans les contrées plus méridionales, le cultivateur doit propager, par le même moyen, les variétés précoces, afin de pouvoir éviter aux vers à soie les chaleurs du solstice d'été, en commençant plutôt leur éducation.

A ces observations, que contre-balancent les avantages attachés à l'emploi de la feuille du mûrier sauvage, on peut ajouter une dernière considération : c'est que la différence qui existe dans les variétés de mûriers greffés est infiniment moindre que dans celles des mûriers sauvages ; il est vrai que, parmi ces derniers, on en trouve qui produisent une feuille abondante et si peu découpée, qu'on la distingue à peine de celle des mûriers greffés ; mais le plus généralement, les semis donnent naissance à des individus plus précoces les uns que les autres, plus ou moins sensibles aux variations de l'atmosphère, et qui diffèrent entre eux par la diversité de leur feuillage, ou plus encore par l'inégale proportion de leurs principes. Si donc le cultivateur considère jusqu'à quel point il importe au succès de l'éducation de ses vers de leur donner une nourriture parfaitement homogène, et de former des plantations de mûriers dont les feuilles se développent et mûrissent en même temps les unes que les autres, ne doit-il pas attacher un plus grand prix aux mûriers greffés ?

Sans m'étendre plus loin sur l'utilité du mûrier greffé, je laisserai aux cultivateurs le soin de mettre en parallèle ces considérations, avec les avantages et les inconvéniens que l'on peut contester au mûrier sauvage.

Jusqu'ici mes recherches me portent à reconnaître que la question proposée par la Société royale d'agriculture de Lyon ne peut être décidée dans toute son étendue, puisqu'il est, pour ainsi dire, impossible de comparer entre elles toutes les variétés du mûrier blanc. Les différences que l'on observe dans la proportion et la nature de leurs principes, produisent des résultats dont la diversité est proportionnellement la même, et c'est ainsi que le mûrier à feuilles roses fournit une soie plus fine que le mûrier d'Espagne ou le mûrier de Calabre, quoique ces trois variétés, bien distinctes, appartiennent à la même espèce.

Mais cette diversité, remarquable dans la nombreuse série des mûriers cultivés, va jusqu'à l'infini parmi les mûriers sauvages. Les plants qui proviennent des graines récoltées sur un même arbre, offrent des variétés sans nombre; leurs feuilles sont plus ou moins hâtives; les lobes de celles-ci ont une profondeur inégale; leur parenchyme est différent, et elles renferment plus ou moins de résine et de sucre, deux substances qui servent, l'une à la production de la soie, et l'autre à la nutrition de l'insecte.

Or, il me paraît plus conforme aux principes d'une saine physiologie de penser que nos variétés cultivées, sous quelque nom qu'on les désigne, ne furent, dans leur origine, que des sauvageons, provenus accidentellement de graines, choisis entre quelques centaines ou quelques milliers d'individus, et perpétués jusqu'à nous par le moyen de la greffe. En vain deux végétaux, soudés ensemble, ne paraissent faire qu'un seul et même corps; l'un et l'autre, malgré leur adhérence, conservent leur organisation et leurs qualités originelles. Les cultivateurs savent tous qu'une variété de mûriers à larges feuilles, entée sur une autre à feuilles étroites, pousse des feuilles plus larges que ces dernières ; mais l'opération, exécutée en sens inverse, m'a démontré qu'une variété à feuilles très-découpées, greffée sur un individu à feuilles entières, donne une feuille également découpée, sans cesser de produire, au-dessous de l'insertion de la greffe, des feuilles pareilles à celles du sujet. Je ne prétends point dire, par là, que la greffe, par elle-même, ne modifie les végétaux ainsi qu'on l'observe quelquefois, lorsqu'en greffant un individu sur lui-même, on accroît les dimensions de ses parties. Ce phénomène paraît dériver de ce que le bourrellet de la greffe, en ralentissant la descente de la sève des branches aux racines, augmente la nutrition des feuilles et des fruits, tout comme on peut admettre que la nature du sol exerçant une action marquée sur les végétaux, une variété unie par la greffe à une variété de la même espèce, mais cultivée sur un terrain plus riche, peut s'améliorer en recevant une sève plus abondante par la voie du sujet.

D'après ces principes, si la greffe qui n'est que l'implantation d'un végétal vivant sur un autre analogue, est le seul moyen par lequel on puisse conserver une variété quelconque avec les caractères particuliers qui la distinguent, ne faut-il pas en déduire que la greffe doit être employée toutes les fois que les semis donnent naissance à des plants dans lesquels on ne retrouve point les qualités que présentent d'autres individus de la même espèce, et qu'au contraire, il est superflu d'employer le pouvoir de l'art sur la nature, lorsque, par la voie des semences, on obtient des sauvageons pourvus d'une feuille également large et appropriée par ses qualités à la nourriture du ver à soie?

En admettant donc la théorie que j'ai émise comme étroitement liée au sujet de mes recherches, il n'y aura plus à discuter la question de savoir s'il est plus avantageux de nourrir le ver à soie avec des feuilles de mûrier greffé ou avec celle du mûrier sauvageon : les agronomes s'occuperont plus utilement à étudier quelles sont, dans chaque climat, les variétés les plus avantageuses à l'aliment du ver à soie, et à établir une nomenclature propre à en donner une exacte connaissance.

Dans ce but, j'ai commencé à réunir celles que j'ai pu me procurer ; je les cultiverai dans les mêmes circonstances, j'emploirai leur feuillage à des essais comparatifs, et j'éprouverai une satisfaction bien vive si d'autres agriculteurs concourent par des travaux semblables, à perfectionner une industrie dont les progrès se rattachent à la prospérité de l'agriculture.

EXTRAIT D'UN MÉMOIRE

PAR LE MÊME AUTEUR,

PUBLIÉ EN ITALIEN PAR LA SOCIÉTÉ ROYALE D'AGRICULTURE DE TURIN,

ET EN FRANÇAIS PAR LA SOCIÉTÉ ROYALE ET CENTRALE D'AGRICULTURE DE PARIS, SOUS CE TITRE :

DE L'EMPLOI
DU CHLORURE DE CHAUX,

POUR PURIFIER L'AIR DES ATELIERS DE VERS A SOIE.

L'UTILITÉ du chlorure de chaux a déjà fait faire de nombreuses et importantes applications en médecine et dans les arts industriels, de ce moyen désinfectant ; et chaque jour il reçoit, sous ce rapport, un nouveau degré d'importance.

M. Bonafous, ami zélé de toutes les découvertes qui se rattachent à l'agriculture, a eu l'heureuse idée de préconiser l'emploi de cet agent chimique, pour perfectionner l'une des plus intéressantes branches d'industrie, l'éducation des vers à soie.

Pour faire ressortir les avantages qui résultent de tous les procédés qui ont pour but l'assainissement des ateliers où l'on élève ces précieux insectes, M. Bonafous rappelle en quelques mots l'état d'imperfection de nos connaissances relativement à leurs maladies et aux moyens thérapeutiques propres à les combattre. Il conclut de là, avec raison, qu'il est bien préférable d'user de tous les moyens propres à les entretenir en santé, que d'avoir à les guérir des maladies graves auxquelles ils sont sujets.

« Mais ces moyens, dit-il, ne consistent pas seulement dans le choix de la feuille du mûrier, dans l'ordre des repas et la quantité de nourriture appropriée à chaque période de leur vie, dans une température convenablement graduée et dans l'espace progressif qu'on doit faire occuper aux vers à mesure qu'il se développent ; ils consistent plus encore dans les soins nécessaires pour préserver ces insectes des émanations produites par la fermentation de leur litière et des matières excrémentitielles. »

L'auteur rappelle l'inutilité des fumigations aromatiques dans ces circonstances ; il reconnaît les avantages de celles qui sont faites avec le chlore ordinaire et l'acide nitreux; mais il fait observer que ces deux agens chimiques n'exerçant aucune action sur l'acide carbonique qui se dégage en grande quantité des matières végétales et animales accumulées dans les ateliers, ne suffisent pas pour rendre à l'air toutes ses qualités respirables, et qu'il faut, pour y parvenir, un moyen propre à agir simultanément sur cet acide et sur les miasmes hydrogénés avec lesquels il est associé.

Déjà il avait essayé, non sans quelqu'avantage, de placer dans des terrines, un peu élevées au-dessus du sol, des pierres de chaux qui absorbaient une portion de l'acide carbonique et de l'humidité répandus dans ses ateliers, lorsque les expériences que M. *Labarraque* a entreprises sur le chlorure de chaux, lui ont inspiré l'idée d'en faire l'application à l'assainissement des ateliers de vers à soie.

« Pour m'assurer, dit-il, d'avance de son effet, je tentai cette expérience: dans une caisse de bois, haute d'un pied, je mis de la litière de vers à soie avec un peu d'eau. Sur cette couche, qui avait six pouces d'épaisseur, je plaçai deux petites terrines remplies à moitié, de chlorure de chaux étendu d'eau jusqu'à leur bord. Je recouvris l'ouverture de la caisse d'une claie d'osier très-claire, sur laquelle je déposai environ 500 vers à soie bien portans et sortis, depuis un jour, de leur troisème mue. La litière ne tarda pas à pourrir, et la fermentation en éleva la température à 30°, celle du laboratoire dans lequel j'opérais n'étant que de 17 à 18°

» Dans une caisse de la même dimension et placée dans une autre salle, je déposai de la même manière une égale quantité de litière, et je mis sur la claie qui la recouvrait un nombre pareil de vers à soie du même âge que les précédens ; mais au lieu de soumettre ceux-ci à l'action permanente du chlorure de chaux, je leur fis chaque jour deux fumigations de chlore en promenant pendant cinq à six minutes l'appareil fumigatoire autour de la caisse, et le déposant quelques instans sur la litière lorsque les vapeurs de chlore étaient à peine sensibles. »

» Les vers exposés à ces deux agens de désinfection, résistèrent aux effluves qui émanaient abondamment de leur litière ; il en périt, il est vrai, quelques uns de part et d'autre ; mais on peut dire que les malades furent moins nombreux du côté des vers élevés sous l'influence du chlorure. La fermeté de leurs corps ne m'offrit point une différence appréciable ; cependant les cocons des vers *chlorurés* eurent un peu plus de dureté que les autres. »

» Non content de cette première expérience, qui ne me présentait pas des résultats dont je pusse tirer des inductions assez positives, je fus curieux de savoir si l'action du chlorure de chaux pouvait préserver les vers de l'atteinte de la muscardine, ou limiter les effets de cette maladie, qui malgré l'opinion contraire de Dandolo et de Nysten, me paraît éminemment contagieuse (1). Je fis recueillir dans un atelier infecté, une centaine de vers passés à l'état de momie ou de dragée par suite de la muscardine ; les ayant divisés en deux quantités égales, je mis en contact avec ces cadavres un pareil nombre de vers parfaitement sains qui venaient d'achever leur quatrième mue. Les premiers furent placés dans une chambre où ils ne recevaient aucune sorte de fumigation ; les seconds, que j'avais placés sur un tamis de soie, recevaient l'action continue du chlorure de chaux étendu d'eau qui se dégageait d'une capsule dont le tamis recouvrait exactement l'orifice. Trois ou quatre jours après, les vers de chaque partie contractèrent la couleur rougeâtre qui caractérise le premier degré de la muscardine, et les uns et les autres passèrent à l'état de calcination sans avoir pu verser leur soie. »

» Je soupçonnai alors que l'action trop vive et trop directe du chlorure avait pu leur nuire, et en répétant la même expérience sur deux autres parties de vers, je ne fis d'autre changement que de mettre un flacon de chlorure

(1) M. Bonafous est parvenu à faire contracter cette maladie, non-seulement à des vers à soie très-sains, mis en contact avec des vers morts de la muscardine, mais même à des chenilles d'une autre espèce.

de chaux *non étendu d'eau* sous une de celles-ci : le résultat, sans répondre entièrement à mon espoir, me donna la satisfaction d'observer que les vers sains, mis en contact avec les vers malades et abandonnés au seul air atmosphérique, périrent sans exception de la muscardine, tandis que ceux exposés à l'influence du chlorure sec, différèrent de trois jours de contracter cette affection et ne moururent qu'après avoir formé leurs cocons. »

» De tels résultats me paraissent assez remarquables pour fixer l'attention des éducateurs de vers à soie, et les déterminer à employer le chlorure de chaux à l'assainissement de leurs ateliers; la facilité avec laquelle on le prépare et le prix modique auquel il revient, contribueront à en introduire bientôt l'usage dans notre économie agricole. Il suffit de placer au milieu de l'atelier des vers à soie un baquet ou une terrine contenant une partie de chlorure de chaux sur trente parties d'eau environ, *soit une once à peu près de chlorure sur deux pintes d'eau pour chaque quantité de vers provenue d'une once de graines;* on agite la matière, et quand elle est précipitée, on tire à clair, on renouvelle l'eau et l'on réitère cette aspersion deux ou trois fois dans les vingt-quatre heures, suivant que le besoin d'assainir l'air est plus ou moins impérieux. On ne change le chlorure que lorsqu'il cesse de répandre de l'odeur. »

Après avoir ainsi exposé la manière d'opérer, M. Bonafous fait connaître sa théorie, et termine son mémoire en disant « qu'il ne saurait trop inviter aussi les cultivateurs à ne pas négliger de faire pénétrer dans les ateliers un courant d'air qui chasse celui qu'ils contiennent, et de faire fréquemment des feux de flamme, de manière à lui procurer une expansion qui le détermine à céder sa place à l'air extérieur, tant il est vrai qu'une *ventilation* bien dirigée lui semble encore préférable aux moyens que la chimie, dans l'état actuel de nos connaissances, peut offrir aux éducateurs de vers à soie ! »

PROGRAMME

D'UN CONCOURS

POUR LA CULTURE DES MURIERS

EN PRAIRIES.

L'OBJET de ce concours ne saurait être mieux exposé que par les paroles même du fondateur ; il s'est exprimé ainsi :

» Si le grand nombre de mûriers qui existent dans le département du Rhône, atteste l'heureuse influence que la Société royale d'agriculture exerce sur les cultivateurs, on est fondé à croire que ces hommes utiles accueilleront constamment tous les moyens qu'elle peut leur offrir pour donner un nouvel essor à la culture de cet arbre. »

» Parmi ces moyens, il en est un que je soumets à l'attention de la Société, lequel consiste à essayer sur le sol européen un mode de culture pratiqué chez les Chinois et introduit avec succès dans une partie des États-Unis, où l'éducation du ver à soie est l'objet d'un soin particulier. »

» Dans cette contrée de l'Amérique du Nord, plusieurs fermiers sèment, au printemps, sur un sol bien préparé, des graines de mûriers, et dans le cours de la saison suivante ils fauchent les jeunes tiges pour alimenter leurs vers à soie, jusqu'à ce que, devenues trop fortes, elles ne poussent plus qu'un bois rabougri ; alors on défriche le sol qui retourne à l'assolement général de la ferme, tandis qu'un autre terrain a été semé en mûriers pour remplacer le premier. Cette récolte se fait chaque jour pour la quantité de feuilles que l'on veut employer, et, à moins d'une extrême sécheresse, les jeunes mûriers peuvent être coupés deux ou trois fois avant que le ver commence à monter. [1] »

» Une telle méthode, il est vrai, ne peut s'appliquer à notre industrie agricole, sans subir quelques modifications que la nature du climat et d'autres circonstances locales feront connaître à nos cultivateurs ; et ainsi, au lieu de récolter la feuille des semis de l'année, il conviendrait de semer au printemps ou vers la fin de l'été, pour faire la cueillette l'année suivante ; tout comme il serait convenable de ramasser la feuille plus long-temps d'avance, afin de laisser dégager l'humidité que la proximité du sol peut lui avoir fait contracter ; de même que dans un grand nombre de localités, au lieu de faire le semis des graines

1 Ces tiges de mûrier, soumises à une préparation particulière, pourraient servir à la fabrication d'un bon papier, imitant celui de la Chine, qui est très-recherché par nos graveurs.

sur place et à demeure, il vaudrait mieux le faire en pépinière pour être repiqué.

» Les avantages de cette méthode seraient: »

» 1.° De faire la cueillette avec moins de travail et de dépense. »

» 2.° D'avoir besoin d'un terrain moins étendu pour nourrir une même quantité de vers à soie. »

» 3.° De pouvoir, dans le cours d'une année à l'autre, faire ces semis, jouir de leur produit et abréger par-là l'intervalle qui s'écoule entre la plantation du mûrier et le temps où il donne sa récolte. »

» 4.° De pouvoir mettre les jeunes plantes à l'abri de la pluie au moyen d'une banne en toile, que l'on change de place à volonté. »

» 5.° Il est vrai que la soie provenant de la feuille de ces jeunes mûriers pourrait être d'une qualité moins nerveuse, mais elle n'en serait pas moins une bonne soie, ainsi que l'expérience me l'a démontré; et une considération très-importante, c'est que ce mode de culture permet aux plus petits propriétaires de se livrer à l'éducation du ver à soie, et aux personnes qui ne jouissent que temporairement d'un terrain, de pouvoir en retirer les mêmes profits. »

» 6.° Enfin, cette culture offre l'avantage de pouvoir s'étendre ou se restreindre en proportion des besoins de l'industrie manufacturière. »

» Je pense donc qu'il serait utile de provoquer

des expériences, en invitant les cultivateurs à faire connaître à la Société le résultat de leurs essais, le produit comparé d'un terrain ensemencé de mûriers et celui d'un terrain de la même nature et de la même étendue cultivé en céréales ou en plantes fourragères. Les cultivateurs ajouteraient à ces renseignemens les observations qu'ils auraient faites sur l'emploi de leurs feuilles à la nourriture du ver à soie et sur la qualité des cocons qu'ils en auraient obtenus. »

» Or, dans la persuasion où je suis que ce mode de culture mérite toute la sollicitude des agriculteurs, et pénétré de l'obligation que je me suis faite de consacrer au progrès de l'industrie agricole, le produit des ouvrages que j'ai publiés sur la culture du mûrier et l'éducation du ver à soie, je termine cette note en offrant à la Société royale de Lyon un fonds de 1200 fr. destiné à accorder des primes aux cultivateurs du département du Rhône qui lui présenteront des résultats dignes de son approbation et de ses encouragemens. »

M. Bonafous ayant désiré que la Société, chargée de juger le concours, en réglât les conditions, elle a arrêté ce qui suit :

1.° Une prime de trois cents francs sera accordée au cultivateur du département du Rhône qui, dans le courant de l'année 1829, aura cultivé des mûriers en prairies, sur le sol le plus étendu : la contenance de ce sol ne pourra pas être moindre d'un are.

2.° Deux autres primes, chacune de cent cinquante francs, seront accordées aux deux cultivateurs qui, par ce genre de culture, auront le plus approché du premier.

3.° Une médaille d'or de trois cents francs sera décernée, à titre de prix, à l'éleveur qui, en en 1830, aura nourri avec succès le plus grand nombre de vers à soie, en employant le plus de feuilles de mûriers cultivés en prairies; toutefois l'éducation ne pourra être moindre d'une once.

4.° Trois autres médailles, chacune de cent francs, seront la récompense de ceux qui auront le plus approché du premier.

5.° Les cultivateurs qui auront concouru pour les primes, pourront se présenter au concours pour les médailles d'or.

6.° Les uns et les autres accompagneront l'envoi de leurs mémoires d'attestations données par MM. les maires ou autres fonctionnaires publics des lieux qu'ils habitent; ils devront avoir fait leurs expériences dans le département du Rhône; ils seront libres de faire connaître leurs noms. Les membres de la Société sont exceptés de ce concours.

7.° Les mémoires et pièces à l'appui seront adressés, franc de port, à M. le docteur Trolliet, secrétaire général de la Société.

www.ingramcontent.com/pod-product-compliance
Ingram Content Group UK Ltd.
Pitfield, Milton Keynes, MK11 3LW, UK
UKHW020218180726
13838UKWH00005B/2075